狗狗，我们的朋友

Unser Hund—
mein Freund

【德】
玛德琳·弗兰克
(Madeleine Franck)

罗尔夫·C.弗兰克
(Rolf C. Franck)

/著

冷云芳

/译

中华工商联合出版社

图书在版编目(CIP)数据

狗狗，我们的朋友 / (德) 玛德琳·弗兰克, (德)
罗尔夫·C.弗兰克著；冷云芳译. —北京：中华工商
联合出版社，2019.6
　书名原文: Unser Hund-mein Freund
　ISBN 978-7-5158-2510-6

　Ⅰ.①狗… Ⅱ.①玛… ②罗… ③冷… Ⅲ.①犬–驯
养 Ⅳ.①S829.2

中国版本图书馆CIP数据核字 (2019) 第 104553 号

Original version: Madeleine & Rolf C. Franck, *Unser Hund, mein Freund* published by
Cadmos Verlag, München. Year: 2017

The simplified Chinese translation rights arranged through Rightol Media（本书中文简体版
权经由锐拓传媒取得 Email:copyright@rightol.com）

北京市版权局著作权合同登记号：图字01–2019–0721号

狗狗，我们的朋友

作　　者：	【德】玛德琳·弗兰克
	【德】罗尔夫·C.弗兰克
译　　者：	冷云芳
策划编辑：	付德华
责任编辑：	楼燕青
封面设计：	周　源
责任审读：	郭敬梅
责任印制：	迈致红
出版发行：	中华工商联合出版社有限责任公司
印　　刷：	北京毅峰迅捷印刷有限公司
版　　次：	2019年8月第1版
印　　次：	2019年8月第1次印刷
开　　本：	880mm×1230mm　1/32
字　　数：	40千字
印　　张：	4.125
书　　号：	ISBN 978-7-5158-2510-6
定　　价：	42.00元

服务热线：010–58301130
销售热线：010–58302813
地址邮编：北京市西城区西环广场A座
　　　　　19–20层，100044
http://www.chgslcbs.cn
E-mail: cicap1202@sina.com(营销中心)
E-mail: gslzbs@sina.com(总编室)

索迪娅和她的好朋友
喜尔蒂。

序言

大家好！我叫索迪娅，写这本书的是我的爸爸妈妈。我们家目前有五只狗狗，其中一只归我管。它是一只12岁的雄性牧羊犬，名叫"喜尔蒂"。我允许喜尔蒂睡在我的房间里，我们俩每天都会腻在一起。我喜欢跟它一起练习技巧，并且我已经在训犬学校里参加了好几个课程了。此外，我们还一起参加了有关狗狗的敏捷训练运动。这项运动要求选手沿着"酷道"（一条由跨栏、隧道、蛇行杆等一系列障碍物组成的跑道）奔跑。我们从中得到

玛雅带着朴力和尼莫。

很多乐趣，尤其是我还能跟好朋友玛雅和她的两只蝴蝶犬"朴力"和"尼莫"一起训练。

在爸爸妈妈写这本书的时候，玛雅和我也提供了很多帮助。比如，向他们提议书里都该写些什么。在小文本框里大家可以看到我们的实用提示。另外，我们还为你们拍摄了几段视频。

喜尔蒂对我来说是一个真正的朋友，你们的狗狗也同样可以成为你的好朋友。希望你们在阅读和尝试的过程中得到乐趣！

你们的索迪娅

目录

了解狗狗

　　狗是一种神奇的物种，它们跟随人类一起生活的历史长过所有其他动物。我们今天所熟知的家犬，起源于狼。至于早期的由狼变成的狗，距离现在到底有多久了，科学家们至今还在争论不休：有的说大约一万五千年，还有的说是四万年，甚至是十万年。

所有的狗都起源于狼，
但很多都变种了。

感知和感受

如果你想了解你的狗狗，最好的办法是尝试换位思考，从它的内心感受出发。其实，狗狗的很多感受跟我们人类是很相似的。它们会感到喜悦，偶尔也会感到不快或者愤怒。它们能体会痛苦和悲伤，同时也能感到满足和欢乐。有时，它们有点胆小，会感到害怕，甚至还会惊慌失措。另外，它们会对某些东西感到恶心，就如同很多不养狗的人觉得让狗"吻自己"很恶心一样。

狗狗能通过不同的感官来感知它的周围环境。比如，

狗狗必须学会：不要对觉察到的每一个运动刺激都做出反应。

当一只狗看到一个滚动着的球，这个信息随即会传递给它的大脑，大脑立刻会产生出它对球的感觉。要是你的狗狗平时喜欢玩球，那么它一看到球类玩具就会感到快乐——就跟你一样，如果你是个球迷的话。

由狼变成狗

狼跟人类一起结伴生活，很可能是在人类尚未使用垃圾桶的时代开始的。对狼来说，从人类食物残渣中觅食要比自己去追逐猎物省力得多。

狼其实是一种非常胆小的动物，所以只有其中一小部分才敢接近人类部落营地。这个群体就此找到了较多的食物，得以养活更多的幼崽，而这些幼崽进而对人类更加温良驯服。随着时间的推移，由它们演变出了我们的狗狗。

对人类来说，有这些早期的狗在身边，是非常有益的。人犬一起狩猎，狗渐渐地成为人类营地的看守者。人类开始有针对性地育犬，从而产生了不同外形和天赋的犬种，而这又是很久以后的事了。

狗的感官

⊙听觉

不管狗狗的耳朵是竖着的还是耷拉着的，它们的听力都要比人类的强很多。它们能捕捉到极其轻微的声音，而且能听到比我们人类所能听到最远声音的距离的四倍之多。狗狗的耳朵可以转动，它们能毫不费力且准确地定位声响的方向，即使是"这只耳朵进，那只耳朵出"，也能把特定的声音辨别出来。

⊙视觉

狗狗的视觉和我们人类的视觉有所不同。在它们眼中，所有的东西并没有像我们人类所看到的那么清晰。颜色对它们来说也一样，它们看到的世界是黑白的。它们也分辨不出红色，因为在它们眼中那只是灰色的。但是，它们的眼睛更能适应昏暗的光线以及辨别运动的物体。相对于人类每秒钟只能识别大约60帧的画面而言，狗狗每秒钟却能识别多达80帧的画面。

⊙嗅觉

狗狗生活在一个充满气味的世界里。由于人的嗅觉比狗狗迟钝，所以我们根本无法想象它们 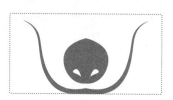 的世界。狗狗的嗅觉黏膜展开的面积是人类的十几倍，黏膜上嗅觉细胞的密度则又是人类的一百多倍。另外，它们的两个鼻孔可以各自辨别气味，以此来确定气味的方向。这个超能鼻子是狗狗最重要的感觉器官。

⊙味觉

跟人类一样，狗狗的舌头上布满了针对甜、酸、苦和咸的味觉感受细胞。这些细胞是微小的专一感受器，每一  种只负责辨别其对应的那个味道。因为要寻找带肉味的食物，它们还具有专门感受肉和油脂的

味觉细胞。另外，在它们的舌尖上还存在一种额外的水味感受细胞。

⊙ 触觉

对于触碰，比如抚摸，狗狗的全身都可以感受得到。它们的触觉还额外地通过长在口鼻处、眉头、耳朵和腿部外侧的触须来起作用。这些触须如同敏感的天线，把物体周围的气流信息传递给它，这样即便在黑暗中，它们也不会撞到东西。狗狗的脚掌肉垫还能帮它们了解地面状况并察觉其震颤。

狗狗可以用它的超能鼻子嗅到很多信息。

"我们16岁的狗狗菲比眼睛瞎了，耳朵也快听不见了。尽管如此，它在屋子或院子里跑来跑去时，也不会撞到任何东西。它脑子里大概有我们家的地图，能用脚掌肉垫来判定自己所处的方位。要是有东西挡住它的去路时，它用触须就能感觉得到。"

恐惧不安

如果遇到可怕的事，你的心脏会骤然狂跳。极度的恐惧还可能让人胸腔紧缩，喘不上气来。这时，你感觉自己动弹不了了，真希望把自己藏到被子底下去或者躲到爸爸妈妈的怀里。

如果你的狗狗被什么吓着了或者害怕了，它的反应也是一样的。它这时所需要的，是一个安全的场所和一个能安慰它的人。为此，它得学习，它的人类家庭会永远保护它，陪伴着它。不要让你的狗朋友单独面对它的恐惧，去柔声地劝慰并镇定地抚摸它吧！

狗狗用身体语言来显示它的恐惧不安。

狗狗在想什么？

　　狗狗的思考模式跟人类的相似，只是没人类的那么富有层次。人脑的大部分区域专管复杂思维（比如数学计算），而这个区域在狗脑中的占比相当小。狗狗没法告诉我们，它们具体在想什么。科学家们近年来也做了很多试验，想查明这个问题。随着对狗狗研究的不断深入，人们发现它们远比我们人类想象得要聪明。

还有谁能比你的狗狗更让你开心？

目前，人们已经知道，狗狗能在自己的脑子里记住一些东西。比如，它们能记住主人的模样，或者能记住一条路以便待会儿抄近路到达目的地。另外，狗狗还十分善解人意。你肯定也遇到过在你不开心的时候，你的狗狗想来安慰你。也就是说，它能看出你的感受，会考虑是否可以用比如温存或者要求一起玩耍的方式来逗你开心。

即便狗狗会对某些事情"动脑子"，但是感觉仍是操纵它行为举止的动力。那些让它们感觉好的事，它们就愿意多做；而那些让它们感觉不愉快的事，它们就想逃避。

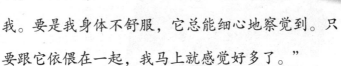

"在我不开心的时候，朴力总是会过来试图安慰我。它会摇着尾巴可爱地看着我。要是我身体不舒服，它总能细心地察觉到。只要跟它依偎在一起，我马上就感觉好多了。"

它们越是焦虑不安，行动前就越少动脑筋。

在大多数情况下，狗狗只会考虑眼前利益。所以，如果狗狗有什么事情做得好，让它们马上得到奖赏这一点就显得尤为重要。不过，如果是对狗狗而言重要的事，它们也能记得牢。它们一方面从自己每天的亲身经历中不断学习，另一方面通过观察同类和人类家庭去模仿学习。

装满零食的漏食玩具 Kong™ 能帮助小班久舒缓情绪。

如果狗狗情绪激动，该怎么办？

在某些场合下，狗狗有时会很激动，以至于我们无法跟它正常交流。这可能是由于它们的恐惧引起的，比如打雷时。或者因为有人来访时，它们会感到非常快乐。又或者在玩耍时，它们满脑子都是玩具球，而忘了所有的游戏规则。

不管是正面的还是负面的激动，碰到这种情况你一定要找个大人来帮忙。现在你们要想办法给狗狗找到一个解决方法，使它从自己的各种情绪中解脱出来。舔吃一只装了零食的漏食玩具——Kong™，能帮助大多数狗狗平静下来。Kong™是一个橡胶玩具，里面是空心的，以便人们将狗狗的各种零食（比如宠物肝肠）放进去。就像人们在心情不安时嚼口香糖，或者看一个情节紧张的电影时吃爆米花，咀嚼和舔舐也能帮助狗狗放松情绪。要想Kong™能在紧要关头起作用，狗狗得事先学习怎样从容不迫地舔空它。

聪明的做法是，及时发现引起狗狗激动的原因，那样你就可以避免发生不必要的状况了。

交流障碍

面部有大褶子还多皮毛以及口鼻扁平的犬类，用表情交流起来就有些困难。要是短鼻子狗狗因为呼吸问题而发出呼噜声，会让其他狗狗误以为是猖猖地威胁。

 小贴士

在你跟你的狗狗说话时，它会试着辨别你的音高。如果你想鼓励它，最好用高音来表扬它；如果你想让它安静下来，最好用平缓而低沉的语调来安抚它。

狗狗的语言

狗狗之间最主要是通过身体语言来交流的。它们用身体姿势、面部表情以及小动作来表达自己想说的话。其他狗狗在大多数情况下能够明白这些信号，但是也有例外的情况。如果有一只狗狗忘记去注意那些细微的信号，那么这两只狗狗的相遇就会产生误会和冲突。

狗狗也会通过吠叫或者低沉猖猖等来说话。 就算你不会说，学着听懂狗狗的语言也很重要。狗狗可以说是在双语环境中长大的，没有任何其他一种动物能够像狗狗一样，可以快速理解和判别人类的手势。它们会注意到你的动作和表情的每一个细枝末节。很快，它们就会明白，当人类露出牙齿时是愉快的，尽管这在狗狗的世界里是表示示威。

跟狗狗说得越多，就越有助于它们听懂我们的语言。如果你想让自己的狗狗明白某个词的意思，你可以教它。它们特别容易记住那些和好感觉相关联的词，因此用零食

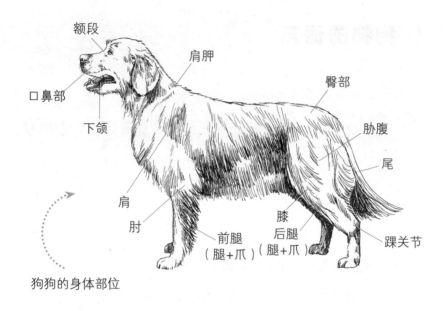

额段

肩胛

臀部

口鼻部

胁腹

尾

下颌

肩

膝

肘

后腿
（腿+爪）

踝关节

前腿
（腿+爪）

狗狗的身体部位

奖励和大量口头夸奖的方式能让狗狗学得更快更好。

⊙ 行动方向和身体姿势

要是一只狗狗有意跟你接触，只要你友好地跟它打招呼，它马上会主动靠近你。反之，如果它不理睬你或者直接转头走开，那就表明它不想被打扰。仔细观察你的狗狗：当你向它走过去时，它是否往后退了一小步？当你想抱它时，它把脑袋转了过去？如果是这样，就表明要么是现在的时机不对，要么是它根本不喜欢你的做法。而如果它伸长了脖子来迎合你的抚摩、往你的怀里跳或者磨蹭你的腿，那就是在对身体接触说"欢迎"。

你也可以从狗狗的身体状态来判别它当时的情绪。精神放松的狗狗，它的身体是松弛的。要是它的身体变僵硬了，那就是哪里不对劲了。这种情形有可能发生在散步路上，当它看见远处有一只陌生的抑或不喜欢的狗狗时，或者在它感到恐惧时。

即使我这样直接拍小班久的脑袋，它也没有一点躲避的意思，因为它喜欢身体接触。

重要!

一旦你的狗狗冲你龇牙，马上停止招惹它，并且把这种情况告诉你的爸爸妈妈。狗狗不愿意做的事情，绝对不要勉强。如果有人跟你说，你必须强迫它那么做或者必须让狗狗明白你才是老大，这不仅是瞎扯，而且还很危险。

龇牙是一个明确的威胁表情。

⊙ 面部表情

你听过"竖起耳朵"这个说法吗？这句话用在狗狗身上正合适，因为一只对你感兴趣和专注地看着你的狗狗，它的耳朵就是竖起来的。耳朵立着时，你可以看到它的耳孔是朝前的。对耷拉着耳朵的狗狗，你则要仔细分辨，狗狗把耳孔转向了何方。如果它喘气急促，它会将舌头放松地搭在牙齿上，或者垂落到嘴巴外面。

这只狗狗用紧张的神情和转过去的脑袋表示：这个拥抱真的令它不快。

感到不安或者害怕时则相反，狗狗会把耳朵紧贴在头部，并把它们转向两侧或后方。其面部表情也会随之发生变化：脸上的皮肤会向后绷紧，这从它的上唇角最容易看出。如果狗狗把上唇角往后扬，嘴角边会起褶子。人们通常会把这称为"紧张脸"。即便天气不热，一只紧张的狗狗也会急促喘气，这时它的舌头是绷紧的，不会垂落到嘴巴外面。

如果一只狗狗把上唇角上扬，露出牙齿，那是在威胁对方。露的牙越多，它鼻梁上同时形成的褶子就越多。这是在明确地发出警告——"走开"或者"快停下"，你最好马上照做。不然的话，它会一步步升级它的威胁信号：一开始只露出几颗牙齿，大声地喘气，轻声短促地狺狺威胁，然后逐渐露出更多的牙，狺狺得更响、更久，最后没有别的办法了，才会伸嘴做咬状，甚至扑咬。要是狗狗当时感到极其恼火、害怕、被弄疼了或者感到自己没有退路了，它也可能冷不防地张嘴想咬或直接扑咬。

⊙尾巴

　　你知不知道以前某些犬种的尾巴和耳朵是直接被切除的吗？如今，这个所谓的"截短"已然被禁止了。只有跟随猎人一起生活的猎犬才允许被断尾，其目的是要避免它们在狩猎时受伤。

　　我们从尾巴上也可以来判别一只

狗狗的情绪。害怕时，它会将尾巴下垂着或者夹紧；不安时，它会让尾巴垂着，小幅度短促地摆动；高兴时，它会把尾巴抬至半高放平，摆动幅度也较大；兴奋时，它的半个身子都会被带动着摇晃起来。

⊙ 叫声

狗狗在各种不同情形下会吠叫：玩耍时、害怕时、有人摁门铃时、遇到同类或者其他动物时、无聊时、受到惊

如果你听从自己的感觉，通常就能推断出你的狗狗为什么吠叫。

吓时，以及其他情况时。有时我们只能听到半截克制的吠叫，有时则是一连串不停地大声狂吠。

除了吠叫，狗狗还会发出其他很多种叫声，比如："嗯——嗯——"的哀鸣、尖叫的哨音、"汪——汪——"的狂叫、"嗷——嗷——"的嚎叫、"嗷——呜——"的低吼、低沉的狺狺威胁……为了能听懂它，你有时得揣摩一下，外加细心观察它并且听从你自己的感觉。

⊙气味

当两只狗狗相遇时，它们通常会相互嗅来嗅去——主要是嗅屁股部位。它们通过这个方法来交换信息，只可惜我们人类因为嗅觉太迟钝，闻不到这些气味，所以也就弄不懂其中的含义。通过屁股和外生殖器周围的气味信息，狗狗可以判断比如对方的年龄或者它是雌是雄等。

每次出去散步，狗狗都要留下气味痕迹。如果它在哪里撒了一泡尿，所有其他途经的狗狗就都会闻到，知道它曾经来过这里。这种在别的狗狗尿过的地方嗅闻，有时被戏称为"读报"。为了标记自己的气味痕迹，公狗会寻找目标，频繁地撒尿。

⊙ **狗狗的行为举止**

如果你熟悉爱犬的身体语言和叫声，就能帮助你来判断它的状况。反过来，它也会用自己的行为举止来告诉你，是否有哪里不对劲了。狗狗的每一个反常举动都可能是它遇到问题的一个迹象。比如，它在犬校的地上拼命地嗅探？或者不停地想要在哪里撒尿做标记？那有可能是它在训练时感到不舒服了。

舔鼻头，是替换行为的一个典型表现。

本该属于另外一种状况下的行为举止，人们称其为"替换行为"。替换行为的典型表现是打哈欠、挠自己、嗅闻、做记号、打滚和舔自己的鼻头。如果看到你的狗狗有这样的行为，你就要分析一下，它是不是因为产生行为障碍而感到不知所措了。如果你还看到其他更多的紧张症状，那么你得帮它从这个状况中解脱出来。

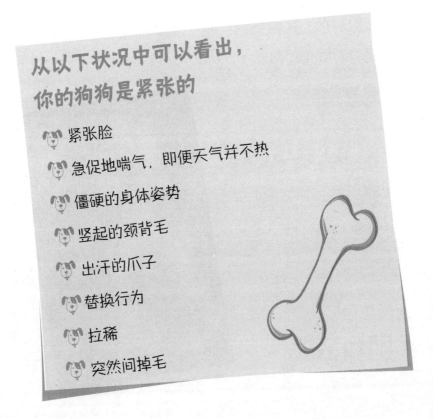

从以下状况中可以看出，你的狗狗是紧张的

- 紧张脸
- 急促地喘气，即便天气并不热
- 僵硬的身体姿势
- 竖起的颈背毛
- 出汗的爪子
- 替换行为
- 拉稀
- 突然间掉毛

狗与狗相遇

　　如果在散步的路上或者在犬校里遇到同类，大多数狗狗会很高兴。经常跟邻居以及他们的狗狗一起散步，你们往往会结成真正的友谊。

两只狗狗打招呼——身体语言告诉了你什么？

　　两个陌生人第一次相遇，会相互握手以示礼貌。如果遇到的是朋友，可能还会用拥抱来问好。狗狗相遇也有要遵守的礼节规矩，以避免引起冲突。正确的做法是，不要直冲对方，而是往边上稍微避让一下再相向而行。它们会先相互嗅几下脸，然后嗅屁股，这算是在打招呼。如果相互有好感，一方就会"邀请"另一方一起玩耍。这时它会把上身降低，屁股朝上，做出一个类似鞠躬的姿势。

只是很多狗狗在遇到同类时，会由于太激动而忘了遵守规矩。它们冲向对方，以突然袭击的方式直接开始跟对方玩耍。如果对方根本不想搭理它，并且用身体语言发出让它离自己远一点的信号时，那就麻烦了。这个莽撞的家伙很容易因为过于兴奋而忽视了这个信号，那么一场冲突就在所难免了。

 小贴士

　　遛狗时，千万别随意让你的狗狗跑向陌生的狗狗。最好经常训练它，乖乖地被绳子牵着，跟另一只狗狗交会而过。

即便你很喜欢一个人独自出去遛狗，我们还是建议你，为了安全起见，每次都让一个大人陪同。如果你们的狗狗在跟别的狗狗相遇时感到恼怒、朝对方狂吠、拖拽绳子，或者在自由奔跑时不听你的召唤，那就太危险了。就算它本身是个非常讨人喜欢且乖巧的家伙，跟一个不太友好的同类相遇，有时也难免会起摩擦。为了避免发生伤害，这时应该有一个成年人来加以干预。

家庭生活

狗狗想在家里过得开心，而不是要做老大。

  一只幼犬来到人类的新家，开启了紧张而有趣的生活新篇章。重要的是，一开始所用的规矩，也是它长大以后要遵循的。所以，全家人要一起来商定狗狗规则，并注意每个家庭成员都要遵守。

  假如你们从动物收容所或者临时看护家庭领养了一只成年狗，那么它在这之前已经经历过很多事了，并且在其行为举止上也留下了痕迹。你需要拿出足够多的时间来好好了解它，并争取得到它的信任。跟幼犬相比，这种狗狗需要花费的时间也许会更长一些。

"我的朴力是在一岁半时才被我们从一个年纪较大的妇人那里领养过来的。朴力一开始不愿意有人来抓它或给它系绳子。它也不喜欢有人给它梳理毛发，甚至为此猛猛威胁、伸嘴来咬。通过耐心地训练和零食奖励，它已经明白自己永远是安全的。我们可以触碰它的任何部位，它也不会感到害怕了。"

重要提示

过去，人们以为狗狗在与人类共同的生活中形成了一种"等级关系"。其中，人应该摆出"兽群首领"的样子来，即经常强调自己是头领。为此，人类还专门设定了许多规矩，来防止狗狗生出要当老大的念头。禁止狗狗爬到上位（即高处），比如沙发或者床上，只能跟在主人的后面进出门，或者只能在主人吃完以后才能被喂食。

尽管这是误解，但遗憾的是，直到今天，很多养犬书籍仍旧持这种观点。要知道，狗狗并没有要支配人类或做头领的欲望。相反，它们只想做些开心的事以及让自己感觉好的事。

规矩的存在，其实并不是为了制订等级关系。规矩和固定的流程能帮助狗狗和所有家庭成员避免产生不必要的烦恼。狗狗在餐桌边乞食是被禁止的？那么请你坚决不要从你的盘子里拿东西给它吃。

如果你的狗狗干了什么蠢事或者做了什么你禁止它做的事，它的本意并不是为了惹你或你的家人生气。也许它只是感觉太无聊了！再说了，人类肯定也胡闹过，对不对？什么是允许的，什么是不被允许的，或许它只是学得还不够好而已。在日常生活和训练中，要设法让狗狗明白，守规矩是值得的。当它做对什么事时，请以表扬和奖赏的形式来让它知道。

比如狗狗喜欢撕咬东西，因为咀嚼可以帮助它们磨牙，并且对健康也是有益的。为了避免你最心爱的玩具被它的牙齿糟蹋掉，你可以做好预防措施：在房间还没整理好之前，不要让它单独进去；给它磨牙棒、玩具球、狗咬胶或者健齿骨。

⊙ 睡觉

跟有小孩的家庭一起生活对狗狗来说可能是相当喧闹不安的，有个安静、舒适的地方让狗狗可以躲起来睡觉非常重要。狗狗其实是爱睡长觉的，每天需要16～18小时的睡眠时间。但是很多犬种是有针对性地培育出来的，它们一遇到有趣的事情就不想错过。如果分心太厉害，它们就会忘了睡觉。而缺觉的后果将是：情绪不好、容易激动、较多狂吠，以及难以集中注意力。

所以，你最好把狗窝放到一个不容易被干扰的角落里或者在家里设立多个休息处。如果狗狗在哪个地方躺下了，那就让它安静地睡觉吧！

"喜尔蒂在我的书房的写字台下面有一个窝。而当我跟朋友们一起在我房间里玩耍时，它则可以待在书房里休息。"

⊙喂食

请跟你的爸爸妈妈商量一下可不可以由你来准备狗粮。如果你经常给狗狗端去盛满美食的狗食盆，那么以后它一见到你，就会联想到吃东西的快乐。这个主意很棒吧？！

有些狗狗在吃东西的时候总担心人们会把它们的食物拿走，所以在它们进食时，千万别去打扰狗狗，一定要让它安静地吃完。如果它在进食时发出低沉的狺狺声，你更

像喂食这样的日常工作，你完全可以接管下来。

要离它远远的。同时，你必须请一个大人来帮它做练习，用行动告诉它：人在靠近它时，非但不会拿走它的食物，反而会给它带去更美味的食物。这样你的狗狗就会逐渐明白，吃东西的时候，如果有人靠近它的食盆，对它来说并不是一件坏事。

 小贴士

对于那些狗狗喜欢做的却被禁止的事，你一定要帮它找到一个替代项目。如果狗狗喜欢翻垃圾桶或者偷吃盘子里的东西，那么它一定会对寻找食物的游戏感兴趣。

成为好朋友

你肯定在学校或者家附近有个最好的朋友，你最喜欢跟他一起玩耍了。对好朋友我们可以永远信赖，跟他们一起分享许多美好的经历，偶尔也能分担忧愁。你的狗狗也可以成为这样一个朋友。当你把越多的时间花在它身上，跟它一起共同经历得越多时，你们之间的友情就越深厚。

三个趣味相投的好朋友。

赢得信任

首先，你必须赢得狗狗的信任。要让它知道，你会永远善待它，绝不会伤害、逼迫或者吓唬它，即便有时候它可能理解不了。如果狗狗是成年以后才到你家来的，那么它之前或许有过一些负面的经历，或许压根就没接触过小孩，还需要些时间来跟你建立信任关系。这时，如果你去抓它，也许会吓着它，或者当你抱它的时候，它感觉自己被束缚了。

"有时，我会跟父母一起去幼犬学校。在那里，我们会教幼犬，即使再喜欢小孩子，也不能向他们扑跳。在摸小狗之前，我也会一一征求其主人的同意。因为有许多狗狗会感到害怕或者未调教好，会试图咬人。即便你的狗狗很乖巧，每次在摸陌生狗狗之前，还是应该先询问一下狗狗的主人。”

事先告诉狗狗你的意图会有益处。如果你总是用相同的单词和句子和它说话，久而久之，它便能听懂。出门前，你可以问它："想不想出去走走？"为系牵引绳而抓它的项圈前跟它说："来，系绳子。"每次拴好绳子时，你可以奖励它一块零食。这样，它很快就会学会乖乖地待着不动了。

在许多其他场合，你都可以用这类方式来让狗狗对你所做的事感到自在。而梳理毛发、剪指甲、捉扁虱等行为随时会让狗狗产生刺痛或者不舒服的感觉，所以还是让大人去做为妙。这样，你和狗狗之间的信任感就不会受到影响了。但是，你可以在一旁做个好帮手，比如担当零食助理。每次当爸爸或妈妈说"响片口令"时，你就可以喂狗狗一小块零食。至于什么是"响片口令"，我们稍后会为大家来揭晓答案！

注意！

有很多事是狗狗喜欢做却不被允许的，比如追兔子。聪明的做法是，从一开始就阻止它的这些不当行为。这样，狗狗就会知道它都做错了些什么。

每当尼莫做对了什么事时，它就会听到"咔嚓"一声，然后得到了一块零食。

正面奖励训练法

为了让狗狗在日常生活或者玩耍时服从你的意愿，它必须学会听从你的命令。它要学习一些口令，诸如"过来""坐下"或者"别动"的意思，并且对特定的手势做出反应，而你就是它的老师。

一个好老师要友善、公正、不苛刻，想方设法提高学生对作业的兴趣，因为要想学习的效果好，精神愉快很重要。教狗狗同样如此。它们对自己喜欢的和感觉好的东西接受得很快。只可惜，它们以这种方式所学到的不仅仅是那些我们想教给它们的。

一个避免狗狗学坏的简单手段就是使用牵引绳。如果你的狗狗被绳子拴着，它就不能冲向其他狗狗。这样一来，你就可以跟它一起玩，让它知道，跟你玩也可以很开心。

为了让狗狗对学习感兴趣，我们可以运用很多口头夸奖、响片训练和其他方式奖励。奖励的形式不限，只要是狗狗喜欢的就行，比如零食、一次拉扯游戏、挠耳朵、宠物肝肠、挖洞、拖着发声玩具跑来跑去、探寻兔子踪迹，等等。对有些奖励你可以轻易掌控的，如零食、游戏、搔挠等，适合在训练时使用；而另一些则是它自己就能玩的，如挖洞、探嗅……但这些并不适合在常规训练中使用（针对性训练除外）。

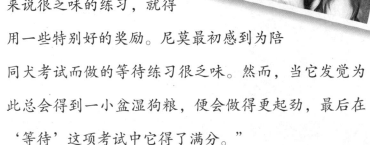

"如果我跟狗狗一起做的是一个新的或者对它来说很乏味的练习，就得用一些特别好的奖励。尼莫最初感到为陪同犬考试而做的等待练习很乏味。然而，当它发觉为此总会得到一小盆湿狗粮，便会做得更起劲，最后在'等待'这项考试中它得了满分。"

为了让狗狗把奖励跟那个相应的行为联系在一起，这一切都必须快速进行。行为和奖励之间不超过2秒钟的效果最好。这是因为事后我们很难向狗狗解释清楚，它具体是因为什么会被奖励。在这里，响片训练就派上用场了：响片是一个小发声器，一般由塑料外壳加金属芯片构成，按下去会发出咔嚓声。狗狗先要学习，在这个咔嚓声之后你总会给它一个零食奖励。一旦狗狗明白了这个道理，这个响片就能帮助你与它沟通，并使它对训练产生兴趣。

零食

如果狗狗平时吃干狗粮，你可以把其中的半份留在训练、玩耍和散步时喂给它。剩下的那一半最好分两餐，倒在家里的狗食盆里给它

香肠、奶酪或者肉干是大多数狗狗爱吃的零嘴，而它们觉得特别棒的则是装在小盆、袋子或者饲料软管里的湿狗粮。

吃。如果狗狗吃不了成品狗粮，就会稍微费事一些：小肉块（生肉或者肉干）是最受欢迎的奖励，或者你可以用料理棒把它们绞成泥，然后灌进饲料软管里。

难度越大、干扰越厉害的训练，你用的奖励就应该越好。如果它有一次把什么都做得特别好，你就不要只奖励一块，而是连着奖励它三块、四块甚至五块零食。

响片/响片口令的条件反射训练

拿一个小碗，装一些特别好吃的小块零食，放在狗狗够不到的地方。最初的几次，要把拿响片的手藏在身后按。总是在按"咔嚓"的同时，用另一只手喂一块零食给它。

等它不再怕这个噪声了，你就可以把响片拿到前面来继续按。你也可以直接说"咔嚓"来代替按响片。随着每一次的重复，狗狗愈加明白，这个咔嚓声/咔嚓口令对它意味着吃食。这个过程被称为条件反射。

在按过10～15次响片以后，你就可以开始把咔嚓和喂零

为练习条件反射准备一些特别
好吃的零食。

响片条件反射训练

刚开始时，按响片和喂零
食同时进行。

食的间隔时间拉长。也就是，你先说"咔嚓"，然后再给奖励，而不是同时进行。接下来，你可以再多等几秒钟，最后还要验证一下，狗狗是否已经学会了：在它正好朝别的方向看时，"咔嚓"按一声，如果它迅速朝你转过头来并发问"我的零食呢"，那么这个条件反射就练成了。

在你按下响片的那一刻，狗狗立刻觉得自己很成功。它知道，现在自己又做对了什么，接着就要为此而获得奖励了。成功是一个美妙的感觉。能得到美食，狗狗就会重复去做。另外，用声音来表扬也很重要，这样就能让狗狗觉得你在为它的努力而感到高兴。

你也可以用响片口令来取代响片做训练，可以是一个短语，比如"咔嚓""啪嗒"等，反正由你说出来，听上去差不多就行。用口令的好处是，你手里不需要拿东西了，解放了你的双手。另外，响片有时候会被忘在家里，但口令不会。

最好连续几天重复训练响片练习——条件反射，然后你就可以把响片或响片口令运用到训练中，通过这个方法来告诉狗狗，它什么时候又做对了。总是在它刚刚做对什么的时候，按一声"咔嚓"。

我们只用正面的，也就是令人愉快的训练手段，因为我们爱我们的狗狗，并且希望它们在学习时不用老是担心被罚。但也有这种情形，人们好心好意想奖励狗狗，结果却适得其反。最典型的例子就是，在训练过程中抚摩它或给它挠身体。许多狗狗很喜欢跟你一起窝在家里的沙发上做这些事情，但不是在散步或者做练习的时候。如果你把它叫过来以后，热情地抚摩它的脑袋，这对于狗狗来说，不仅不是奖励，反而是个小小的惩罚，恐怕它以后就不再乐意和你亲近了。

所以你要像平常那样，注意观察狗狗的身体语言：当你把手伸向它，要去摸它时，它感到高兴吗？还是根本就对你的行为无动于衷？这时，你还不如大声地夸奖它，把球扔给它或者给它一块零食，以此来奖励它。

重要提示

跟你一起训练，狗狗会学到两件事：

动作怎么做以及从训练过程得到什么感觉。

如果"坐下"口令先在家里柔软的地毯上练习，它会学到：

🐶 它应该把屁股坐到地上；

🐶 坐下的感觉不错，因为你为此高兴，夸它并奖励它。

雨天在石子路上或者潮湿的草地上来练习第一次"坐下"口令，它就可能会学到：

🐶 它应该把屁股坐到地上；

🐶 坐下是潮湿的、冷的以及不舒服的（它觉察到的仍然是这些，即便它为此得到了零食和夸奖）。

如果你的狗狗在训练某个动作的时候有厌恶感，那它以后就不会乐意再做此练习了。第一印象最为重要，所以一开始就要想办法让狗狗觉得这个训练很有趣。响片和响片口令可以帮助你引出狗狗的好感。

松弛的牵狗绳

知道你们的狗狗究竟有多重吗？如果是拉布拉多犬的话，大概有35公斤到40公斤，正好是大多数十岁儿童的体重。如果这样一只狗狗拉扯起牵引绳，能轻而易举地把一个儿童拽着走。特别是，当狗狗想要往街道上跑，去追一只猫或者类似的情况时，这就很危险。

如果你们的狗狗比你重，那么必须先由你的爸爸妈妈来训练它，不允许它拽拉牵引绳。只有当它已经学会了乖乖地系着松弛的绳子奔跑时，你才可以牵它出去。

尼莫和喜尔蒂经过多次咔嚓声和零食奖励后学会了系着松弛的牵引绳奔跑。

散　步

　　你的狗狗每天需要多次短时间遛弯和至少一次长时间的散步。至于具体要奔跑多久以及额外需要多少互动玩耍才能让狗狗得到满足和摄入与消耗的均衡，取决于狗狗的

如果狗狗在散步时注意力不怎么集中，就在它每次朝你转过头来时，咔嚓一下，然后奖励它。

品种和年龄。每天去户外活动时，它需要活动身体和发泄能量，同时也想从容地嗅探。

　　每次遛狗时，你都要带上一把宠物零食或者狗狗的一部分口粮。在它留意你、不拽拉绳子或者听你召唤、朝你走过来时，你就可以及时地奖励它。你也可以为互动准备一些藏匿和嗅探游戏，到时候叫它去寻找。

注意力

　　还记得吗？一声"咔嚓"告诉狗狗，它刚刚做对了什么。在散步路上，每当它回头看你一下，你都可以说一声"咔嚓"。然后，它就可以从你这里得到一个零食奖励。你将看到，它随即会加倍留心注意你哦！

狗狗在散步时经常会咬住牵引绳，那是它希望主人再跟它多玩一会儿拉扯游戏。

　　如果它喜欢奔跑，那就跟它来几次小赛跑吧！先跟它说，它应该留在原地别动，而你可以先跑几步。如果你的狗狗还没学会"坐下"和"等待"，也可以由一个大人来抓住它。在你跑开几米远后，再召唤它，你俩开始赛跑。一旦追上你，它当然可以得到一块零食奖励。

　　如果是在林子里，你们也可以用玩捉迷藏来取代赛跑。为此，你还需要至少一个助手将狗狗的眼睛暂时捂住。你可以先把手里的一块狗粮放在它的鼻子前面，让它闻一会儿，然后快速跑开，藏到一棵树的后面去。如果你的狗狗不喜欢被捂着眼睛，就请你的助手把它转到反方向，并在地上撒几块零食让它嗅着。这样，在你躲藏的过程中，它的注意力就会被分散开去。等你消失在视线之外，助手马上放开狗狗，问它"某某（你的名字）在哪里"，然后让它去找你。刚开始练习时，你可以外加呼唤来帮它一下。很快，它就会明白这个游戏规则，主动来找你了。一旦找到你，它就可以得到事先闻过的那块狗粮。

散步是狗狗日程表上的一个重点项目。跟它在一起的美好经历越多，你俩的友谊就会变得越深厚。

狗狗，我们的朋友

游　戏

　　狗狗有不同的游戏偏好，幼犬和青年犬最感兴趣的是会动的东西，它们想要去追逐、抓或咬住它。所以为了避免发生的危险，青年狗狗必须学习游戏规则。它们必须明白，只可以咬玩具，而不允许咬人的手指、裤腿或袖子。一定要先由你的爸爸妈妈来帮它定好规矩，然后你才可以

这样一个"鞠躬"的姿势代表着邀请做游戏！

游戏及游戏规则

跟它一起玩耍。

你们最好坚持用同一个命令来开始游戏，比如"逮住它"！聪明的做法是，在你允许狗狗咬玩具之前，先让它坐着，这样它就可以学会尽量控制自己。如果它还没听见"逮住它"就站起来，你就要说"呃呃"，以此来中断游戏，并让它重新回到"坐下"的状态中。

游戏推荐

一个受欢迎的游戏叫作"滚零食"游戏，适合在那些比较单调的散步路段进行。在沥青路面上玩效果最好，为此你还需要准备一些圆形零食或球形饲料。你在狗狗前方的地上滚动一个零食，让它去抓。最简单的做法是，让一个饲料球沿着一个斜坡自己滚下去。如果在平地上玩这个游戏的话，则需要借助一点你的推力。

玩具钓竿

如果你的狗狗喜欢追猎玩具，用一根玩具钓竿肯定能逗它玩得开心。去花园或林子里找一根细长的棍子，用小刀把其中一端近末梢处刻出一圈细凹槽，在凹槽处系上一根细绳，这样一根钓竿就做成了。然后，在钓绳的另一端绑上一个玩具。

现在你可以甩动钓竿，使玩具贴近地面呈"之"字形飞舞，让你的狗狗来追捕这个玩具吧！记住：要让它遵守游戏规则！

一起做拉扯游戏很开心，还能加深彼此的感情。

游戏规则之一：去捕猎玩具之前，狗狗先要乖乖地等候游戏口令。

当你说"吐出来"时，狗狗应该立刻松开玩具。如果用零食来换取玩具，效果最好。拉扯游戏是一个极好的手段，来加强狗狗和主人之间的关系。当然，前提是所有家庭成员都应该遵守游戏规则。如果你们的狗狗太大、太重，以至于在拉扯的时候把你拽倒，很遗憾，这个游戏不适合你们。

玩耍对狗狗之间的友谊意义重大。如果一只狗狗频繁地跟它的狗友一起玩耍，就有可能导致它不太愿意和人类一起玩耍。这也就意味着，跟其他狗狗相比，人类会令它厌倦。一旦遇到这种情况，你就应该多花些时间陪它玩。

如果它喜欢玩捡玩具的游戏，你也可以跟它一起玩。当然，你也可以穿插一些假动作，做投掷状把它引向反方向，实际上却快速将球扔向另一个方向。每次在球飞出去之前，交替着命令狗狗坐下或趴下。但请注意，不要让它过于沉溺于游戏中。有些狗狗会很快兴奋过度，那你就得在扔过三四次以后结束游戏。

重要提示

不要用棍子而是用宠物玩具来做投掷游戏。狗狗在玩游戏时被棍子戳中咽喉部导致严重受伤之事已时有发生。

依偎

　　安静、放松的拥抱爱抚时刻同样是建立亲密友谊的重要基石。如果一户人家同时养着好几只狗狗，它们常常会挤在一个窝里相互依偎着睡觉。一只狗狗和某个人并排躺在一起休息，被称为"亲密接触"。你可以跟它一起躺在一块舒适的地毯或者毛毯上，要是你的爸爸妈妈允许的话，你还可以把它一起带上床，依偎的同时可以温柔地、舒缓地顺着毛发抚摩它。

　　此时，狗狗身体里发生的反应能带来多项正面效应：通过相互依偎，狗狗体内会释放出一种对健康有益的物质。这个物质能舒缓压力和不安，所以在狗狗感到害怕时，你镇静地抚摸并好声劝慰它，对它来说都是极有帮助的。此外，它还会释放了出"拥抱荷尔蒙"，之所以这样叫，是因为它能增进彼此的连接感。而这，正是我们想要达到的目的。

　　要是你的狗狗给你一个"吻"，作为它真正的朋友，你肯定不会拒绝，是不是？如果狗狗在享受你爱抚的同时，还用舌头来舔你，那就是它对你爱和信任的一个很好证明。尽管如此，你得当心，不要让它碰到你的脸，并且在被舔之后你要及时洗手，因为狗狗也会用鼻子和嘴去拱很脏的东西，它们的唾液可能会传播疾病和寄生虫。

记住，随时注意观察狗狗的身体语言：它的确喜欢你这样跟它依偎在一起吗？比如，很多狗狗不喜欢被吻，或者如果一个孩子把脸靠得很近，几乎贴着它们的脑袋时，它们会觉得很恐怖。如果你的狗狗不喜欢依偎，或许它还

得先学一下如何来享受身体接触。小心翼翼地试探，找出它最喜欢被挠的部位。大多数狗狗喜欢被挠前胸或者耳后根，而摸头可能是很多狗狗最讨厌的。要尊重它的容忍限度，最好挠在它最享受的部位，好让它明白：让你抚摩，它会有多舒服。

只有当狗狗能身心放松地享受身体接触时，依偎才会对友谊起到促进作用。

调教狗狗，并跟它互动

为了跟狗狗在一起的日常生活过得轻松顺利，应该让它学会一些基本动作。此外，狗狗的身心健康，得其所需，也很重要。只有一只平和的狗狗才能守规矩。狗狗需要饲料、水、身体活动、跟人互动、爱和主人的关注。它们喜欢撕咬东西，想安静地睡觉，但是也希望生活中有一点刺激。

这只球正往盆里飞去，
米拉快要坐不住了。

基础训练

最好你的狗狗已经跟你的爸爸妈妈学过这些动作了，你只需要接手就行。你们要统一口令和手势，否则会使狗狗不知所措。如果这里写着应该按响片，你当然也可以用响片口令来代替。

训练时永远适用的规则：宁愿每次只练习一小会儿，也不要让狗狗感到厌烦。不过，狗狗一般需要多次连续重

复的训练才能记住新东西。

要注意，刚开始只在家里不被打扰的情况下做练习，只有在练成以后，才可以转移到其他环境下训练。要知道，这些练习对它来说很重要。因为之后在路上散步练习时，即便看见其他狗狗或者蹦蹦跳跳的兔子，它也不会再分心。学的时候必须有乐趣，所以它应该得到特别好的奖励。另外，你还可以想出一些转移注意力的新点子。

训犬学校

在犬校里有专业的教练来教你，训练狗狗做常规练习。很多犬校甚至开设了专门给儿童的课程。也许你会在那里找到志趣相投的新朋友，并且可以跟你们的狗狗一起互动。犬校的训练应该是愉快的，应该用基于奖励的狗狗训练方法，而不是训斥。

日常训练

⊙注意力

这里要讲的是，如果你想要你的狗狗朋友做什么，它应该立刻朝你看过来。用一种友好的语调叫它的名字，一旦它看着你的脸，"咔嚓"一声。如果它没有马上理你，最好不要重复叫它的名字。对这种情况不如用嘴巴发出"啜啜"咂舌声或者吻的声音来引起它的注意。零食，你要这样给它才好：在"咔嚓"声之后，先把零食在自己面前举几秒钟，然后从上方移下来喂给它。这样狗狗会很容

索迪娅把零食举得特别高，以便让喜尔蒂朝她的脸上看。

调教狗狗，并跟它互动

易明白，这事跟注视你有关。别忘了用非常夸张的语调来表扬它，来让它觉察到你有多高兴。

⊙ 过来

你一叫唤，狗狗马上就到你这儿来，是所有练习中最重要的一个。为此，你应该对这个"过来"进行重点训练。一开始最好用一根长的牵狗绳，当狗狗的确每次都叫得动时，它就可以脱离绳子了。

可以由两个人配合默契地练习召回：把狗狗召过来、唤过去。

你最好总是用它的名字加上一个召回口令来唤它，比如"本尼，过来"。注意，要大声而亲切地叫。只要它一开始跑，就咔嚓。它一路跑过来，你就要一直夸奖它。等它跑到时，就可以得到零食或一个小游戏作为奖励。然后，你以后再让它自由活动，直到你再次呼唤它。

如果它有一次没有马上跑过来，你该怎么处理呢？如果你在召唤它之后迅速离开它，它会担心失去你。为了让它注意到你跑开了，你应该一边跑一边拍手，或者像印第安人那样号叫几声。这些办法一般总能奏效，狗狗会马上跑过来，这样你又可以咔嚓、表扬和奖励它了。这里的

这个召回口令练成后，你应该将越来越多能引起狗狗注意的东西，比如玩具和零食，加入到训练中去。

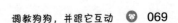

窍门是，你在叫唤狗狗以后，最好不要让它有时间干别的事情。

重要提示

只要狗狗过来了，就一定要表扬和奖励它！即便它偶尔有一次慢了一拍，千万不要在它过来的时候训斥它，否则它下回过来的兴趣就不大了。

⊙坐下

作为预备练习，狗狗应该学会当你用牵引绳轻轻拉它的时候它立刻就跟你走。你可以这样做：轻轻地拉一下绳子，狗狗一动身，马上咔嚓。如果它开始时不愿意跟着走，就用一块零食来引诱它。如果它做得好，不要忘记表扬它哦！

玛雅用零食引诱
朴力坐下。

在做"坐下"的
练习时，先用绳子
拴住它，你的手里
握几块零食并在它
的鼻子前移来移
去。当它被你弄得"心切"，急
于想知道又要发生什么事时，将手直接从它的鼻子前往上
移，然后越过它的头顶再稍微向后移。通常，狗狗会立刻
坐下来，这时咔嚓，连续喂它几次并且热情地夸奖它。在
这个过程中它应该前爪着地，这样可以坐得更直。

在零食喂光之前，跟狗狗说一个口令，让它站起来。
这个解除口令可以是"好了""起来"等。说完口令以后，你要通过轻拉绳子的方式，让它立刻站起来。接下来，最好不要夸它或赏它了，因为它应当知道，"坐下"是好的。然后，重复这个练习，你将看到它会一次比一次做得好。

也许你会想，为什么不直接对狗狗用"坐下"这个口令呢？因为训练时最有效的是先练好动作，然后才对狗狗说出那个相应的口令是什么。唯有如此，你才能确保狗狗把这个口令只跟那个该学的动作联系在一起。

如果这些都练成功了，在用零食诱惑它之前，你就可以说"坐下"了。如果你爸爸妈妈已经跟狗狗训练过"坐下"的动作了，你当然一开始就可以使用它。经过大约30至50次的重复以后，这些辅助手段，诸如手里藏着零食诱使它坐下去以及扯绳子让它站起来，就都不需要了。

⊙趴下

趴下这个动作你完全可以参照坐下的训练来进行，只不过，你伸在它鼻子前握有零食的那只手要往下方移动，把它诱向地面。这时，你握紧的拳头手指要朝下。刚开始时，即便狗狗只有前腿做"趴下"的动作，你也要做咔嚓和喂食奖励。经过几次重复以后，你可以稍微等一下，直到它屁股也落地时，再咔嚓和喂食。

直到狗狗照着手势做对了动作后，你再训练它这个"趴下"的口令。这里也是直接在诱惑前发出命令，并且注意，用解除口令来结束练习。

为了引诱朴力趴下，玛雅把握有零食的手快速向下移至地面。

口令还是手势?

狗狗对手势认得很快，因为它们天生就擅于观察身体语言。经过短时间的训练后，不用零食在手，你的手势也会成为狗狗坐下的信号。

对狗狗来说，难的是学习对应的口令。特别是，当它把注意力全都集中在你的动作上时，通常就顾不上再去听你说什么了。因此，在它已经会做这个动作，而你要教它口令时，顺序很重要：先说"坐下"，等一秒钟后再做手势。

⊙ 待着别动

在练"待着别动"之前，最好先从"坐下"这个动作开始。当你的狗狗已经明白没有解除口令它就得一直坐着时，你就可以开始用一些小动作来故意分散它的注意力，如果它仍然坐着不动，摁咔嚓，然后给它奖励。若它站起来了，就说"呃呃"，并且立刻用握零食的手把它诱回原位。

玛雅可以用响片遥控她的尼莫待着不动。

尼莫的零食奖励是玛雅特地给它送过去的，这样它就能一直保持坐姿状态，直到解除口令的发出。

等这个动作练成了，你可以离它远一点，如果它还是不动，摁咔嚓，然后走回去给它零食奖励。刚开始时，你可以只走开一小步，然后再慢慢拉大距离。要注意，你的狗狗在得到解除口令之后才可以站起来，而不是之前。如果它起来得太早，就用拿零食的手以及那个"坐下"口令让它快速回到坐姿状态。

你肯定又在思考自己什么时候可以开始使用"待着别动"的口令了吧？其实它和前面的口令一样，应当在它"等着"已经做得很好的时候再使用这个口令。在你离开它之前，直接说"等着"或"别动"。如果它练好了"坐着""别动"的口令，就用同样的方法来练习趴下的"别动"口令。这个"等着"的口令，其实在很多场合下都可以派上用场。比如，当你的狗狗在一扇敞开的门前、一条马路边或者下车后应该等待的时候。

⊙ 不

"不"这个口令应该对狗狗意味着立刻停下正在做的事（通常是不允许的事）。我们想要训练它的这个感觉

喜尔蒂看着地上的吃食却不能去碰，因为它被绳子拴着。

索迪娅对喜尔蒂说"不"，然后奖励它，因为它把目光从食物上移开了。

不应该是害怕、被训斥，而是要让它明白，如果它重新顺从，马上就会得到奖励。

为了训练狗狗，你可以先在地上放一些好吃的东西，比如一块面包、狗咬胶和宠物饼干等，然后牵着狗狗到它相对来说不爱吃的东西那里。一旦它来了兴趣，也就是说它想走过去的时候，你就说"不"，并且轻轻地拉绳子把它带离那里。请注意，每次都先说"不"，然后再拉绳子。只有这样，你今后才能脱离牵引绳的帮助。

 小贴士

　　如果你用狗狗很爱吃的零食来做奖励，这个练习做起来就会相当顺利。软管里装的宠物肝肠、小肉块或奶酪小方块，是大多数狗狗的最爱。

　　一旦狗狗跟着你走了，你就咔嚓，奖赏它并狠狠地夸赞它。用同一个吃食重复这个练习，直到它不再需要绳子的帮助，就能对"不"口令做出反应。这时，你可以换下一个诱惑食物来训练了。

　　下一个阶段，你用路上散步时的散乱丢弃物来训练它，可能是被扔掉的糖果纸、一只旧薯条袋或者一堆马粪蛋。如果你的狗狗比你强壮时，一定要请大人来帮忙，以免狗狗把你一直拽到那个作为诱惑用的垃圾堆里去。

跟"别动"口令一样，如果狗狗已经能听懂，你也可以把这个"不"口令用在其他情形下。比如，当狗狗要往你身上扑时，或者当它在餐桌旁嗅来嗅去时，你就可以说"不"。

⊙吐出来

当狗狗听到这个口令时，它应该将嘴里的东西吐出来。比如，当它叼了不该叼的东西或者把玩具

利维亚从口袋里拿出了一块零食，以做好准备，马上能奖励班久的"吐出来"行为。

交还回去的时候，我们就可以用这个口令。

刚开始训练时，最好拿一根相对乏味的狗咬胶让狗狗啃。现在，你跟它说"吐出来"，同时给它一大把超级美味的零食。此时，它应该感到很意外吧？为了能吃到零食，它会赶紧吐掉狗咬胶。现在你把狗咬胶还给它，然后重复做几次这个练习。重要的是，你每次都要先说"吐出来"这个口令，然后再给它吃的。当它习惯了"吐出来"这个口令以后，你也可以将狗咬胶换成其他的咀嚼物和玩具来训练。

注意！

如果你的狗狗在做这个练习时发出低沉的猜猜声或者表现异常时，请立刻中断训练。因为对有些狗狗来说把东西交出来是个大问题，这时由大人来训练它们比较好。

犬类体育运动

犬类体育运动提供了相当好的机会来让人犬互动，以及满足狗狗活动身体的需要。很多运动项目都有儿童参加，他们跟爱犬一起配合，有时候做得比大人还好。在参加任何项目的考试或比赛之前，狗狗得预先在养狗协会或

犬敏捷赛是一项很适合儿童携爱犬参加的体育运动！

犬校参加一定的培训。无论是对人，还是对狗，最重要的
不是奖杯和名次，而是乐在其中。

"每当我和喜尔蒂站
在敏捷赛的起跑线上，我
都会感到非常紧张。刚开始
我还担心，喜尔蒂会被赛场的气氛所干扰，也许
不再专注于我。没想到，它一直很听话，我说什么它
就做什么。当然，中途我们还是出了点差错，因为要
在酷道上记住正确的路线并非易事。但重要的是玩得
开心，当我们一起到达终点时，我感到非常自豪！"

⊙ 犬敏捷运动

这项运动出自一个英语概念：Agility，即敏捷、灵活、
活泼。狗狗将在不拴牵引绳、不戴项圈的状态下，被主人
引导着跑过酷道（一条由跨栏、攀爬障碍、隧道和蛇行杆

组成的障碍物跑道）。期间，主人用口令和手势来指挥狗狗下一步该往哪里走。比赛结束后，失误最少、跑得最快的人犬组合将获胜。几乎每一次比赛都能见到孩子们带着他们的爱犬一起站在起跑线上。

要想正规训练此项运动，你最好去一个养狗协会或一个好的训犬学校。如果只是自娱自乐的话，你可以在客厅里或者院子里给狗狗搭建一个简易的酷道：用纸板和扫帚可以很快组合成低跨栏；在一小段粗木上搭一块板，就是一个不错的跷跷板；将椅子排排放，你就有了一个像样的

比赛时，为做到零失误，狗狗们必须非常专注于主人发出的信号。

犬敏捷运动

天桥；一个儿童帐篷可以用来当隧道；蛇行杆可以用塑料瓶来组建，给你的狗狗导航。除此之外，你肯定也有其他好主意。

要注意安全隐患，不要让狗狗在酷道上碰痛自己。你应该提前教会它过每一个障碍物。刚开始练习时用零食来诱惑它，记得多多地咔嚓、奖励和夸赞。要是哪天你的狗狗没兴趣玩时，最好让它安静地待着，或者可以跟它玩一些别的游戏。

⊙ 服从性竞赛

这也是一个来自英国的体育项目：Obedience，我们可以将它翻译成遵从、服从。举例来说，狗狗必须贴近主人左侧行走跟进、叼取指定物，以及隔着一定的距离听令，在坐下、趴下和站起来之间转换姿势。在"别动"项目中，即使主人会有几分钟从它们的视线中消失，它们也不可以移动爪子。扣分最少的团队获胜。

⊙ 多样化服从

此项运动由服从性竞赛发展而来，但是在这里跟犬敏捷赛一样，参赛者要通过一条由指示牌组成的酷道。指示牌上分别标示着下一步该做的动作，所以比赛内容总是变化多样的。例如，狗狗必须小坐一会儿而主人则要绕着它转一圈，或者人和狗狗要在行走过程中做一个折返，完成最快和失误最少的团队获胜。

⊙ 钻圈敏捷

这个项目的英文名为 Hoopers Agility。狗狗不需要跳跃栏架，而是要从竖起的大铁环或拱门中穿越过去。通常还会另外加入隧道、栅栏、路障锥和大圆桶等，来布置成一个酷道。它的好处在于，那些由于健康原因不适合正规敏捷训练的狗狗也能一起玩。

⊙ 人犬共舞

这里需要主人和狗狗一起展示与音乐相配的各种技巧和动作。要教会狗狗所有的动作，然后跟着音乐节奏让它一一做出来，这绝非易事。有时，也有儿童带着他们的爱犬一起参加演出和比赛，无论如何，这项活动总能带来很多快乐。

⊙ 寻人

寻人，是个引人入胜的项目。这个词原指警犬和义工救生犬的工作，即帮助搜寻失踪人员。对于所有喜欢动用鼻子的狗狗来说，这可以作为爱好用来娱乐消遣。届时，狗狗必须跟踪某人留下的气味痕迹，把他从藏身之处找出来。

技巧训练

跟爱犬一起练习
技巧，不仅能为你
俩带来快乐，你还
可以把它们编排成
一个小节目，表演
给你的爷爷奶奶或
者朋友们看。

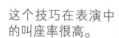

这个技巧在表演中
的叫座率很高。

技巧训练

⊙握手

这是一个经典动作。让狗狗坐在你的前方，你则跪坐在它面前，用手碰一下它前腿下方，也就是靠近爪子的地方。如果它动了一下这条腿或者抬起了爪子，你就迅速说咔嚓，同时不要忘记你的夸奖和喂食！

经过几次重复以后，可能你只需把手朝它腿的方向伸一下，它就会做出反应。把手掌摊开朝上，在它抬爪时，试着放到它的爪子下面。从现在开始，你一直要等到爪子

尼莫知道它不可以去碰她手里的零食，这也是为什么握手这个动作要通过点击腿部来学习的原因。

碰到你手心了，才说咔嚓口令。

在第一次为它的抬爪而咔嚓和零食奖励后，如果它还把爪子放在你的手里，你可以继续给它咔嚓派狗粮，试着把它真正"喂定"在这个姿势上。如果这些都成功了，就到了教它口令的时候了，即"握手"。像通常那样，你要先说口令，然后再伸手，这样也就完成了握手技巧的训练。

⊙搁下巴

狗狗听从命令把头搁在你手里，这样看上去是不是很可爱？当然，这个动作对主人们而言也是很实用的。用你的手掌托住它的下巴，说咔嚓，用另一只手从下方喂东西给它吃。让它不用把头从你手里挣脱出来，就能吃到东西。也就是说，你一开始通过喂它，就把它固定在那个姿势上，在你把手撤掉之前，再说解除口令。

当它明白了"下巴搁你手里等于美食"时，就把你的手邀请式地放在它脑袋前方几厘米处。现在你要稍等一会儿，直到它主动来把下巴搁上去。然后，你就可以做咔

若是狗狗学会了把脑袋搁在你肩膀上，就多了一个很萌的摄影主题。

嚓、奖励和解除动作了。之后，在每次给奖励之前，你就可以跟它说，这个技巧叫什么，比如"下巴"。

下一步，你可以教它如何让下巴像被粘住一样搁在你手里。你小心地移动一下狗狗搁着下巴的这只手，用另一只手拿奖励零食，诱使它抬头去嗅。不用担心，这只是听起来有些复杂，做起来其实并不难。如果你一直不停地咔嚓和奖励，那么你的狗狗就会努力保持这个姿势，直到解除口令。不然的话，你就用口令"下巴"来提醒它。如果它跟随你的动作移动，你就可以把粘贴手交替着移到腿上或者其他部位。如果狗狗把下巴搁在你的肩膀上或腿上，拍出来的照片会很可爱哟！

⊙ 扒柜台和躲猫猫

做"扒柜台"技巧，狗狗要学的是把爪子支撑在一根栏杆上或者你的手臂上。如果你把零食放在它的鼻子前，然后抬手往高处引诱时，它一般会学得很快。等它把前爪从地上抬起时，你就咔嚓和奖励，就这样一步一步地把它越诱越高。

它只靠后腿肯定不能站得太久，所以如果有什么东西可以用来给它支撑一下，它会很高兴。开始时，你可以拿一个椅子，允许它把前爪放在上面。把椅子放在你和狗狗之间，然后引诱它把爪子放上去，通过咔嚓和奖励把它锁定在这个姿势上。在教它口令"柜台"时，也应是口令在先，诱惑在后。重复做几次以后，就可以试探一下，你是不是可以省去诱惑这一环节，只用口令就能让它有反

喜尔蒂扶在栏杆上
做"扒柜台"。

应了。

　　现在你可以用一根栏杆或者你的手臂来做扒柜台的练习了。等狗狗已经弄明白，它应该撑在你的手臂上，你就可以练习下一个技巧了。在它将爪子扶在你手臂上时，你把它的鼻子引诱到你手臂下面去。就这样，轻轻松松，你们又搞定了一个技巧——"躲猫猫"！

⊙ 摊开地毯

这个技巧最适合那些为了吃什么都肯干的贪吃狗狗。你需要一块结实的小毯子，比如浴室脚垫。让狗狗坐下，拿一块零食放在毯子边缘处，然后你对它说："好了，摊开！"让它站起来，吃掉这块零食。

你可能会觉得很奇怪，为什么狗狗只是吃了东西，你就已经说口令"摊开"了。这次我们从一开始就跟它说该做什么，它边做边学习自己该怎么做。前几次，你可以让它轻易地从毯子上吃到东西。然后，你把毯子边折起来一点，盖在零食上。这时，狗狗要把毯子展开后才能吃到东西。咔嚓！这正是我们想要的结果。

从现在开始，每次你都可以把零食外面的毯子稍微多卷一些起来，这样狗狗在努力地扒开毯子时总能得到从毯子里掉出来的零食奖励。这个练习用不了多久，它就能做到将一整张毯子都摊开了。

嗅探游戏

狗狗替我们人类承担的很多任务，都离不开它们那非同寻常的鼻子。如果某处发生了严重的事故，造成房屋倒塌， 搜救犬可以帮助找寻被埋在瓦砾下的人。雪崩救生犬还能把人从堆积如山的雪底下找出来，从而拯救一个个生命。还有因年老失忆而走失的老人，也可以让狗狗来帮忙寻找。先拿一件失踪人员用过的物件，让搜救犬闻一下上面的气味，然后再让它去寻找。

狗狗能嗅到墙内的霉菌、藏在行李箱里的毒品、纸币、

嗅探追踪任务适合所有狗狗。

美味异常的菌菇，或者树干里有害的甲虫。用其灵敏的鼻子，它们甚至能嗅出，一个糖尿病人的血糖指数什么时候严重超标了。所有这一切对它们的鼻子来说，都是小菜一碟——它们要学的只是我们要它们去干什么以及它们到底应该去找什么。

⊙ **被藏起来的零食**

用鼻子参与搜寻探险，是狗狗很喜欢做的事。所以，嗅探游戏对所有狗

零食在哪里？
高处的藏匿点
好难找。

狗来说，就是一种极好的消遣方式。最简单的做法是，你为它藏了几块零食，因为食物是它最感兴趣的东西。刚开始时，你可以故意让它看着你去藏东西，这样有助于它同时学到这个"寻找"口令。

等它听懂了这个口令时，你就可以给它稍微增加一点难度了：提前在你房间里藏几块零食，然后再放它进去，命令它去寻找。如果它很快就找到了所有零食，那么你下次就要想出更隐秘的藏匿地点了。比如，将一块零食放在地毯的边角下或者藏在书架里。在狗狗寻找的时候，你还可以把灯关掉！当然，花园里或散步路上，也都是你藏匿零食的好地方。

⊙美食林

为此，你需要准备一些特别软的、不易碎的零食。最好是肉肠丁或者奶酪小方块。找一丛灌木，把零食一一扎在其细枝条的顶端，直到它们看上去像长在灌木上一样。如果你们的花园里有用枯树枝编成的矮树篱，也可以用它来作为零食篱。

狗狗可能只会想到地上有零食，而不知道它们也可能在上方。如果它只是一味地在地上嗅来嗅去，那么你就稍微帮它一下。这样，它就会知道以后可以用全方位嗅探的方式来找零食。

⊙美食墙

如果你在林子里正好看到一堆砍伐下来的树干，也可以在那里给狗狗布置一个特别的搜寻任务。在高度不同的树干尾部放上一些零食，这样狗狗就必须把这些地方都嗅个遍。如果树干是刚被砍下不久的，气味会很重，如此正好可以增加它搜寻的难度。

下雨天的玩法

如果碰到连续数日的坏天气，每天只能出去散一小会儿步，狗狗很容易感到无聊。因为它没法出去发泄多余的能量，这时你应该找一些脑力游戏来分散它的注意力。那种可以赚取零食的游戏是最受狗狗欢迎的。

你可以把几块零食放进一个卫生纸空卷筒里，两头用纸塞住，促使狗狗要想吃到美食必须出一点力。把纸筒放在狗狗面前，然后观察它会怎么办！也许它会把纸筒先推一下，使它在地上滚动。为了把吃的弄出来，它必须用爪子把纸筒抓住，同时用牙齿或另一只爪子把纸拽出来。

你也可以自己动手为狗狗做一个玩具，比如有一个叫"转瓶子"的玩法。为此你需要一个空塑料瓶，一根细木棍或者树枝。还要请你的父母用钻孔机在瓶子中部的左右两侧各钻一个孔。

现在把木棍横穿过两个孔，然后再把几块零食放入瓶中。瓶身左右两侧与棍子的连接处不能太紧，这样你才能

花费小，但乐趣大。喜尔蒂正在努力，把零食从一个卫生纸卷筒中弄出来。

用手转动它。瓶口朝上，拿到狗狗面前。狗狗会不会自己想到这个主意来推瓶子？如果它用力够大，零食就会从瓶掉出来。

　　这里也一样，你可以用咔嚓口令帮助它，来找到正确的方法。即便它只是稍微推一下，你也得赶快咔嚓和奖励。它就会知道，这样做是对的，就会更加使劲地推。你可以在旁边夸奖它并给它加油。祝你们玩得开心！

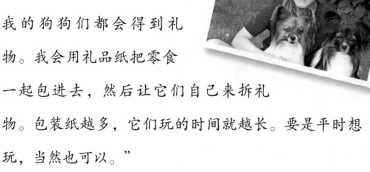

"过生日和圣诞节时，我的狗狗们都会得到礼物。我会用礼品纸把零食一起包进去，然后让它们自己来拆礼物。包装纸越多，它们玩的时间就越长。要是平时想玩，当然也可以。"

你喜欢做手工吗？太好了，因为有大量狗狗用品都是很容易且用很少的材料就可以自己做出来的。狗狗的零食也不一定非要买现成的，比如你可以自己烘烤，高兴的将不仅仅是你的狗狗。所有其他的狗狗主人和他们的狗狗也都会喜欢你亲手制作的礼物。在这里，我们给大家列出了一些好点子。

你可以任意选用小模具或者烘焙硅胶垫。

零食和甜品

　　狗狗饼干的烘焙过程，就像做圣诞小饼干一样——只需要把各种配料搅和在一起，将生面团擀成薄片，就可以用漂亮的骨头形模具压出饼干的形状。如果你家里没有骨头形模具，星形和心形模具也是可以的。你也可以直接把生面搓成小圆球，这样便可省略掉压模这一步。比较软的面可以均匀地摊在一个烤盘上，烤好（冷却）后，用刀切成小块。或者你还可以把生面团填进一个烘焙硅胶模具里，放进烤箱烘烤。这种硅胶模具上排列着很多烘焙小模型。烤好后，将饼干从模具凹陷处摁出来，类似于沙子小模具的操作。

　　如此，你便可以做那些特别小的、适用于日常训练及咔嚓奖励的小饼干：准备一个原本用来做烘烤护垫或者擀面用的胶垫。因为这种胶垫背面有很小的圆形或带棱角的凹槽。生面团必须比用来压模的那种面要软一些，这样它们就能轻易地被抹进这些凹槽里。

玛雅和索迪娅在烘烤狗
狗饼干，干得不亦乐
乎！喜尔蒂和尼莫还得
有点耐心。

所有的烘烤配方可以任意改良。也就是说，你可以直接把狗狗最爱吃的配料混合在一起，或者减掉那些它不能吃的。

⊙ 喜尔蒂最爱吃的饼干

我们保证，所有的狗狗都爱吃这个饼干！索迪娅和玛雅的建议：一边烘焙一边欣赏你们最喜欢的音乐，气氛就更好了。

肝小姜饼

生的动物肝	🦴 400克
脱脂牛奶	🦴 2勺
斯佩耳特全麦面粉	🦴 150克
鸡蛋	🦴 1个

保存方法

饼干烘烤得越干，存放期就越长。有点潮的零食必须放进冰箱里保存，几天内吃完，不然就会发霉。

因为肝要用料理棒绞成泥，所以制作小姜饼的过程可能会让你感到有点恶心。而且烘烤时，肝的味道也很

重，可以说很臭。但是，狗狗爱吃这种饼干，也许就是冲着这股味儿吧！

烘箱设置到180℃（循环风160℃），预热。把肝和脱脂牛奶混合在一起，绞成泥，然后加入面粉和鸡蛋，将所有配料搅拌均匀后倒入垫了烘焙纸的烤盘上，摊匀，进烘箱烤大约40分钟。拿出来放凉后，掰成小块即可。

出炉！

金枪鱼饼干

金枪鱼	1罐
斯佩耳特全麦面粉	220克
鸡蛋	2个

将烘箱调到180℃（循环风160℃），预热。把金枪鱼肉捣碎，与面粉和鸡蛋混合在一起。将混合物揉成一个均匀且不粘手的面团。把面团擀成薄片，用模具按压出小骨头饼干形状，放到垫了烘焙纸的烤盘上。你也可以把生面填塞入一个烘焙胶硅胶垫。烘烤30～35分钟后，拿出来放凉。

⊙烘焙硅胶垫专用配方

所有用于烘焙硅胶垫的混合物必须绞得特别碎，因此用婴儿现成的食品作为原料很适合。烘箱开到180℃（循环风160℃），预热，充填好的胶垫烘烤25～30分钟。烤好放凉后，只要把胶垫拎起来抖几下，饼干就掉出来了。

做特别小的饼干时，你要把面和得比较软。

很容易抹
进烘焙硅
胶垫吧！

水果饼干

🦴 婴儿果泥成品　　　　　　　　1小瓶

🦴 斯佩耳特全麦面粉　　　　　　100克

金枪鱼凝乳饼干

🦴 金枪鱼（带原汁，绞成泥）　　1/2罐

🦴 凝乳　　　　　　　　　　　　100克

🦴 斯佩耳特全麦面粉　　　　　　80克

🦴 食用油　　　　　　　　　　　1小勺

鸡肉饼干

- 婴儿鸡肉配制品　　　　　　1小瓶
- 脱脂牛奶　　　　　　　　　5勺
- 斯佩耳特全麦面粉　　　　　100克

⊙生日纸杯蛋糕

此用料量大约可以做12个纸杯蛋糕，也就是说够开一个小型狗狗派对，或者可以作为小礼物带给犬校的训练小组。

- 牛肉糜　　　　　　　　　　250克
- 面粉　　　　　　　　　　　250克
- 胡萝卜（磨碎）　　　　　　1根
- 鸡蛋　　　　　　　　　　　2只
- 橄榄油　　　　　　　　　　2勺
- 水　　　　　　　　　　　　50毫升

烘箱调到180℃（循环风160℃），预热。将搅拌器装上搅面钩，把所有配料搅成一个均匀的生面团。连排纸杯蛋糕模具事先一一垫好小纸托，然后把生面填进纸托，烘烤大约40分钟。

⊙ 狗狗冰淇淋

利用冰箱也可以做出美味的狗狗甜品。在炎热的夏天，你可以自制冰淇淋，给狗狗一个小小的惊喜。比如，你可以把拌好的冰淇淋混合物灌入一只漏食玩具Kong™，放入冰箱冰冻后，拿出来让狗狗来舔。你也可以收集一些空的酸奶塑料杯，每一个塑

玛雅和索迪娅把冰淇淋混合物分别装进空的酸奶杯里。

料杯里除了放冰淇淋混合物外，你还可以插入一根细的狗咬胶棒。次日，当你把它从冷冻室里拿出来后，你就会发现一根冰淇淋棒冰就做成了。你可以把它拿在手里让狗狗舔着吃。

注意：要防止狗狗直接把冰淇淋咬断，吞下肚。它应该慢慢舔，这样冰淇淋会在舌头上变暖，而不至于冰冷地落到胃里，刺激它的胃。

喜尔蒂爱吃冰淇淋棒冰！

香蕉酸奶冰淇淋

- 熟香蕉　　　　　　　　1/4根
- 酸奶　　　　　　　　　150克
- 蜂蜜　　　　　　　　　1勺
- 食用油　　　　　　　　1勺

将香蕉绞碎或者用勺子把它压碎，然后将所有的材料混合在一起，装入酸奶杯，插进狗胶棒，冰冻。

鸡肉冰淇淋

- 婴儿鸡肉配制品　　　　1小瓶
- 凝乳（或颗粒状鲜奶酪）　2勺
- 食用油　　　　　　　　1小勺

漏食玩具Kong™用铝箔裹住，灌入混和好的配料，然后用铝箔将开口处封住，冷冻。

自制玩具

为做图例中的玩具，我们买了很便宜的珊瑚绒毯，然后把它剪开。不过，用一块旧毛巾效果也一样好。另外，你还需要一把锋利的剪刀。

⊙咬绳玩具

DIY手工制作

剪三条长度相同的绒布条，每条大约5厘米宽、100厘米长。如果用三种不同的颜色做出来的咬绳玩具会非常漂亮。将三根布条并排摆在一起，把中间那段编成一条细辫子。这个中间段是手环，你用来抓手的地方。把细辫子部分摆成环状，并使两端开口处总共有六条布重叠在一起。然后，把每两条布并作一股，编成一条结实的粗辫子。最后把所有辫尾布条拧在一起，打一个死结，把每一股再拽紧。如果绳子末梢参差不齐，你可以用剪刀将其修剪到一样长。

如果狗狗特别喜欢流苏玩具，粗辫子那部分你就编得短些，末梢留得长些。如果狗狗爱玩球，你还可以把一个橡胶网格球编进粗辫子里，或者先把粗辫子穿过网格球，再把末梢打成死结。这样，一个别具一格的咬绳玩具就做好了！

⊙嗅嗅毯

这里，你需要一条薄绒毯或者其他布头，外加一块水槽底部保护垫。这种塑料网格垫你只需花几块钱就可以在超市的日用品部买到。

他们正在做一块嗅嗅毯。

班久在做好的嗅嗅
毯里寻找隐藏着的
食物。

　　这次要把绒布剪成许多窄条，每条大约3厘米宽、25厘米长。把这些布条分别穿进塑料垫的那些网格里，然后打结，固定在上面，并使布尾都往上翘。结上去的布条越多，嗅嗅毯就越茂密。完工后，你可以把零食藏进去，让狗狗来寻找。它肯定会迫不及待地把鼻子伸过来的！

颈圈和牵引绳

如果你学过编结，就可以用这种工艺来编一条颈圈和一根合适的牵引绳。为了保证被牵狗狗的安全，用的材料必须很结实，不至于突然断裂。你最好买那种细伞绳，它们有各种各样的颜色。这类绳子最初作为开伞索被用在降落伞上，现在也被用来编结装饰带了。

另外，你还需要三个O形环（用在P字防冲项圈上），

市面上有花样繁多的伞绳编织用的珠子和挂件。

两个人一起做手工，其乐无穷。

或者一个插扣/背包卡扣和一个用在牵狗绳上的登山快捷扣/P字扣。圆环和扣子的大小应该跟狗狗的体型相匹配。

你可以买一些漂亮的珠子编进去，比如印有狗爪图案的珠子或者彩色玻璃做的珠子。用不同的编织手法，还可以在带子上编出各种花样。我们在视频中会教你一个编织法，照着做很容易学会。

 索迪娅的小贴士

"用同样的带子给你自己做一个手链，这样你就可以和狗狗以家庭装的形象一起戴出去了。"

友谊衫

要创作一件别具一格的友谊T恤衫，你需要一件单色T恤、一块硬纸板、一块湿抹布、纺织颜料和一支画笔。如果你还有其他养狗的朋友，你们也可以一起来画一件共有的T恤衫。

这个手工活动最好选一个好天气，在花园里进行。如果是下雨天，我建议你去卫生间里完成，因为狗狗之后会用带颜色的爪子到处乱跑。把硬纸板裁剪至适当形状和大小，使之能插入T恤的前片和后片之间，然后把衣服平铺在地上。把狗狗叫过来，让它坐下（别忘了零食奖励）。将它的前爪抬起，然后把颜料均匀地涂在它的肉垫上。从现在起你就不要放开它了！小心地把爪子用力均匀地摁在T恤上，然后用准备好的抹布擦干净它的爪子。

现在，你可以把自己的手掌用同一种或者其他颜料涂上，然后按在T恤上的狗爪图案旁。等颜料都干透后，请你的父母用熨斗把颜料烫上去，这样图案就被印在了布料上，而且还防水不掉色。

家长须知

亲爱的家长们：

　　大多数儿童被咬事故的肇事者都是自家的狗狗。孩子能有狗狗陪伴长大，的确是一件非常美好的事情，但是千万不要以为他们的和谐共处是理所当然的。避免危险高于一切，为此您应该时时留心观察孩子和狗狗之间的交往互动。老是听到有人这样讲，"我们家孩子对狗狗怎么着都可以"，社交网站上也有很多家犬跟儿童相互依偎的照

请好好想一想，如果您的孩子拉不住狗狗，会导致怎样严重的后果。

片，本意是想展示他们的深情。然而在大多数的照片上，狗狗们看起来很紧张，它们的表情和身体语言都清楚地表现出抵触和不自在。所以，您一定要看仔细，并且试着辨别狗狗是真的享受跟您孩子的共处，还是只是在忍受。如果是后者，说不定它下一秒就会失控，发怒了。

教会孩子理解和体会狗狗的意愿和需求，并且跟他一起研究它们的身体语言。狗狗的细微信号经过多次练习就能看懂。反复给孩子"翻译"狗狗的身体语言，让他能从狗狗的内心感受出发，可以提高他的理解力。

当然也有非常多特别痴迷儿童的狗狗，真的会忍受他们的每一个鲁莽行为。但是，狗狗们还是应该获得休息的权利。一旦有迹象表明狗狗到了忍耐的极限，您就不能再鼓励孩子为达到自己的目的而忽略了它的意愿。为了避免危险的发生，孩子们应该以一副协作的态度来对待狗狗，而且要避免和狗狗有任何的对峙。

您要跟全家人一起讨论跟狗狗相处的规则，并且说明来家里做客的人也要一起配合。要设法规避危险，比如，把情绪焦虑的狗狗带到一个安静的房间去或者关到一个用儿童栅栏隔开的地方。

另外，您还要考虑到险情的发生有可能是由一只陌生狗狗引起的。打个比方，在散步路上遇到另外一只狗狗的挑衅，从而发生狗咬狗的状况，这将是一个10岁抑或是12岁的孩子所不能驾驭的局面。

警告归警告，儿童和狗狗的共处给一段美好的友情提供了发展机会。我们出这本书的目的就在于此。也许在您家附近有个训犬学校，设有专门的儿童狗狗课程？或者至少提供了一个机会，所有家庭成员都能参加并一起练习？正确的指导方法是训练成功的基础，而成功又能增加团体的凝聚力。人犬配合的体育运动，像犬敏捷运动就是一个很好的途径来增强儿童和爱犬的联结。

您要先教好狗狗的自控能力，把它的服从性也训练成功，然后再让孩子一起加入训练，狗狗的体型越大、身体越重，这一点就越加重要。特别是，它应该已经学会服从牵引绳、进食及游戏控制、一个有效的禁止口令（"不"）和不准扑跳。

当您将养一只狗狗的决定提上议事日程时，我们通常会建议您选一只小型至中型，最好体重轻一点的狗狗。而像拉布拉多这样的狗狗，虽然常常被誉为最佳家犬，但是成年后它的个头和体重加上它的力气，是大多数12岁以下的儿童所控制不了的。

另外，挑选育狗场时应格外注意的是，那里的幼犬已经有过跟各种各样的人和不同年龄的孩子接触的机会。幼犬进家前的社会性越好，它就越容易成为一只性情平和的家犬。

亲爱的索迪娅、亲爱的玛雅:

　　我们把这本书送给你们俩，并且希望你们与爱犬的相处模式能成为许多儿童（及成年人）的榜样。谢谢你们的大力协助，你俩是最出色的！